Dinesh Kumar Pancheshwar
R. K. Varma
Ramesh Amule

Estudo da variabilidade molecular e fonte de resistência em soja var.

Dinesh Kumar Pancheshwar
R. K. Varma
Ramesh Amule

Estudo da variabilidade molecular e fonte de resistência em soja var.

Imprint

Any brand names and product names mentioned in this book are subject to trademark, brand or patent protection and are trademarks or registered trademarks of their respective holders. The use of brand names, product names, common names, trade names, product descriptions etc. even without a particular marking in this work is in no way to be construed to mean that such names may be regarded as unrestricted in respect of trademark and brand protection legislation and could thus be used by anyone.

Cover image: www.ingimage.com

This book is a translation from the original published under ISBN 978-3-659-82518-7.

Publisher:
Sciencia Scripts
is a trademark of
Dodo Books Indian Ocean Ltd. and OmniScriptum S.R.L publishing group

120 High Road, East Finchley, London, N2 9ED, United Kingdom
Str. Armeneasca 28/1, office 1, Chisinau MD-2012, Republic of Moldova, Europe
Printed at: see last page
ISBN: 978-620-8-15380-9

Capítulo - I
INTRODUÇÃO

A soja (*Glycine max* (L.) MerriII) tornou-se uma importante cultura oleaginosa com um aumento constante da população mundial. Os principais países produtores de soja são os EUA, o Brasil, a Argentina, a China e a Índia. Na Índia, a cultura cobre uma área de 96,24 lakh hac, com uma produção de 108,18 lakh toneladas e uma produtividade de 1124 kg/hac. Entre os principais estados produtores de soja, M.P. ocupa o primeiro lugar em área, com 51,43 lakh hactares e produtividade de 1123 kg/hac. (SOPA, 2008).

Na última década, a tendência da produtividade da soja indica que os rendimentos impressionantes alcançados não são atingidos devido a vários factores abióticos e bióticos. A soja sofre de muitas doenças, como o mosaico amarelo (vírus do mosaico amarelo do feijão-mungo), a podridão do carvão (*Rhizoctonia bataticola*), a podridão do colo (*Sclerotium rolsfii*) e a mancha púrpura das sementes (*Cercospora kikuchi*).

A podridão por carvão da soja tem sido relatada como causadora de epifitose nos Estados Unidos, China, Argentina e Brasil (Wrather *et al.*, 1997). Na Índia, a podridão por carvão da soja é a doença mais comum, que também é encontrada no Brasil (Wrather *et al.*, 1997). Perdas de rendimento de até 50% foram registadas na parte norte do estado do Paraná (Ferreira *et al.*, 1979) e também nos EUA até 20% (Sinclair e Gray, 1972). Perdas anuais estimadas em 25,2 milhões de bushels de soja são atribuídas à podridão do carvão de 1989 a 1991 na região Centro-Norte.

A podridão do carvão foi responsável por uma redução significativa da produtividade no Paraná, propenso à seca. Sau Paulo Rio Grande do sul e sul de nato Graso do sul e leste da Bahia para cantins e norte de Goiás estados. Essa doença pode reduzir a produtividade nessas regiões em até 50%. Os surtos são comuns em campos de soja onde a soja é cultivada sob stress hídrico (Ferreira *et al.*, 1979). Portanto, a doença é mais

predominante nalguns anos do que noutros. O controlo ainda não foi conseguido através da resistência, apesar dos relatórios recentes sobre genótipos tolerantes (Smith e Carvil, 1997).

Na Índia, foram registadas perdas de 70% causadas pela podridão do carvão. A doença é comum em M.P., Maharashtra, Rajasthan, Uttranchal, Punjab e Delhi. O agente patogénico tem uma gama de hospedeiros muito ampla de 500 espécies de culturas e ervas daninhas. Os hospedeiros importantes são a soja, o girassol, o cártamo, o gergelim, o sorgo, o arroz, o grama-verde, o grama-preta, o feijão-frade, o feijão-de-corda e a batata.

Rhizoctonia bataticola é um agente patogénico transmitido pelo solo. Na sequência de culturas M.P. grama - soja e o período de seca durante o enchimento das vagens desempenharam um papel importante no aumento da incidência da podridão do carvão da soja causada por *Macrophomina phaseolina*.

Pouco se sabe sobre a complexidade genética deste patógeno no Brasil e apenas recentemente pesquisas utilizando técnicas moleculares indicaram diversidade genética entre isolados. O primeiro relato de variabilidade em caracteres morfológicos e de virulência entre isolados foi feito por Dhingra & Sinclair (1973). Pathe (2008) 22 isolados de *Rhizoctonia batatiola* foram colhidos em diferentes distritos do estado de MP, a variabilidade foi estudada com base em caracteres culturais, morfológicos e patológicos, tendo sido registada uma variação muito reduzida em termos culturais e morfológicos. Informações adicionais sobre a diversidade deste agente patogénico ajudarão ao desenvolvimento e à libertação de cultivares de soja resistentes a doenças e contribuirão para a compreensão da biologia populacional deste organismo. A literatura pertinente ao estudo da variabilidade em bases moleculares é escassa e nenhum trabalho foi realizado na Índia.

Por conseguinte, considerou-se desejável levar a cabo o presente inquérito com os seguintes objectivos

1. Estudar a variabilidade molecular entre 21 isolados de *Rhizoctonia bataticola*.
2. Descobrir a fonte de resistência da soja contra a podridão do carvão.

Capítulo - II

REVISÃO DA LITERATURA

A podridão do carvão causada por *Rhizoctonia bataticola* (*Macrophomina phaseolina*) (Tassi) Goid é a doença mais comum da podridão radicular encontrada na soja. A podridão do carvão foi responsável por uma redução significativa do rendimento em áreas propensas à seca. Esta doença pode reduzir o rendimento nos EUA e no Brasil em até 50%. Na Índia, foi registada uma perda de 70% causada pela podridão do carvão vegetal. A literatura pertinente para o estudo da diversidade molecular e do rastreio da resistência foi revista.

M. phaseolina (Tassi) Goid. (syns. *M. phaseolina* (Maubl.) Ashby, *Rhizoctonia bataticola* (Taub.) Briton-Jones, *Sclerotium bataticola* (Taub.) e *Botryodiplodia phaseoli* (Maubl.) Thrium é um fitopatógeno transmitido pelo solo. É altamente variável, com isolados que diferem no tamanho dos microesclerócios e na presença ou ausência de picnídios. O estádio picnidial não é comum na soja, mas é-o no amendoim. A caraterística básica da espécie é a formação de esclerócios no tecido do hospedeiro, bem como nos meios de cultura.

Williams *et al.* (1990) propuseram a utilização de iniciadores de PCR de oligonucleótidos de 10 bases arbitrárias para a geração de marcadores moleculares designados por marcadores de ADN polimórfico amplificado aleatório (RAPD). Estes podiam ser facilmente desenvolvidos e, uma vez que se baseavam na amplificação por PCR seguida de eletroforese em gel de agarose, eram rápida e prontamente detectados. Como resultado, os RAPD permitem uma aplicação mais alargada dos mapas moleculares na ciência das plantas.

McDonald et *al.* (1993) afirmaram que o RAPD (Random amplified polymorphic DNA) utiliza a reação em cadeia da polimerase (PCR) para amplificar fragmentos de ADN a partir do ADN genómico e examinar as diferenças de tamanho dos produtos amplificados através de eletroforese.

Weising *et al.* (1995) afirmaram que a técnica RAPD tem sido utilizada para estudar a variação genética populacional em plantas e fungos e tem-se revelado fiável em vários estudos taxonómicos de plantas superiores.

Dangi *et al.* (2004) referiram que os marcadores RAPD foram gerados através de amplificações por PCR de segmentos aleatórios de ADN genómico utilizando 10-15 pares de bases de uma sequência arbitrária

2.1 Diversidade genética em *Macrophomina phaseolina*

G.Su *et al.* (2000) relataram a diferenciação genética entre isolados fúngicos de diferentes hospedeiros, e estes isolados foram examinados por polimorfismo de comprimento de fragmentos de restrição e análise de ADN polimórfico amplificado aleatório (RAPD).

Mayek-Perez-N *et al.*(2001) relataram a variação genética entre isolados mexicanos de *M. phaseolina*, coletados em vários locais entre 1994 e 1997, foi determinada (*Phaseolus vulgaris*) cultivares. Também foi determinado um genótipo de polimorfismo de comprimento de fragmento amplificado para cada isolado.

Pecina-Quintero *et al.* (2001) utilizaram dois sistemas de marcadores moleculares (RAPDs e AFLPs simplificados) que foram comparados para avaliar a sua adequação para determinar a relação genética entre 21 isolados de *M. phaseolina*. Os dois sistemas foram eficientes na discriminação entre os isolados do Arizona (EUA) e detectaram níveis elevados de polimorfismo (98,7% para RAPDs e 91,7% para AFLAPs simplificados).

Alvaro *et al.* (2003) coletaram cinqüenta e cinco isolados de raízes de soja de diferentes regiões e analisaram através de RAPD a diversidade genética.

Jana *et al.*(2003) referiram que a podridão radicular do carvão e a murchidão eram duas doenças economicamente importantes de muitas plantas cultivadas na América do Norte e do Sul, na Ásia e em África e em algumas partes da Europa. A variação genética em 43 isolados de *Macrophomina phaseolina* e 22 isolados de espécies de *Fusarium*, recolhidos em regiões geograficamente distintas numa série de hospedeiros, foi estudada utilizando marcadores de ADN polimórfico amplificado aleatório (RAPD).

Beas-Fernandez *et al.* (2004) estudaram *Macrophomina phaseolina* que foi isolada de plantas de feijão que cresciam em três locais no estado de Aguascalientes, México, durante 2001. As amostras obtidas foram comparadas com 20 isolados dos estados de Coahuila, Guerrero, Puebla, Sinaloa, Tamaulipas e Veracruz, a fim de avaliar a sua patogenicidade em 12 cultivares de feijão comum e genótipo AFLP.

Jana *et al.* (2005) relataram que 40 isolados de *Macrophomina phaseolina,* um agente patogénico que causa a podridão seca da soja, do algodão e do grão-de-bico, foram caracterizados geneticamente com primers universais de arroz (URP; primers derivados da sequência de repetições de ADN no genoma do arroz) utilizando a reação em cadeia da polimerase (URP-PCR).

Jana e Sharma (2005) utilizaram iniciadores simples de repetições de sequências simples (SSR) ou marcadores de microssatélites para a caraterização da variabilidade genética de diferentes populações de *M. phaseolina* obtidas de soja e algodão cultivados na Índia e nos EUA.

Munoz-Cabanas *et al.* (2005) referiram que os padrões de diversidade dos isolados do fungo *Macrophomina phaseolina* do México e de outros países foram analisados com base na caraterização da patogenicidade (30 isolados) e do genótipo AFLP (20 isolados).

Franco *et al.* (2006) recolheram 96 isolados de *Macrophomina phaseolina* do México e de outros países e o genótipo foi determinado com base no polimorfismo de comprimento amplificado (AFLPs).

Meena-Shekhar *et al.* (2006) estudaram sete isolados de *M. phaseolina* que provocam a podridão do carvão do milho nas principais zonas agro-ecológicas da Índia (Deli, Ludhiana, Udaipur, Arabhavi, Coimbatore e Hyderabad). Estes isolados foram analisados através de marcadores RAPD para determinar a diversidade genética.

Purkayastha *et al.* (2006) relataram que a diversidade fenotípica e genética de 59 isolados de *Macrophomina phaseolina* recolhidos de várias espécies hospedeiras que crescem em campos de feijão de cacho (*Cyamopsis tetragonoloba*) ou perto deles, em quatro estados do norte e noroeste da Índia, foi caracterizada utilizando RAPD e PCR-RFLPs da região ITS.

Babu *et al.* (2007) desenvolveram iniciadores específicos e uma sonda de oligonucleótidos (na região ITS) e avaliaram subsequentemente a sua eficiência na identificação/deteção de *Macrophomina phaseolina* em condições *in vitro*. A amplificação do ADN genómico da região ITS de diferentes isolados produziu um fragmento de aproximadamente 650 pb.

Bayraktar e Dolar (2007) estudaram os polimorfismos intra e interespecíficos entre os agentes patogénicos fúngicos que causam a murchidão e a podridão radicular do grão-de-bico, utilizando 30 iniciadores RAPD (ADN polimórfico amplificado aleatoriamente) e 20 iniciadores ISSR (repetições de sequências inter-simples).

Jami *et al.* (2007) estudaram um cDNA completo de 910 pb que codifica a proteína semelhante à osmotina com um quadro de leitura aberta de 744 pb que codifica uma proteína de 247 aminoácidos com uma massa molecular calculada de 26,8 kDa foi clonado de *Solanum nigrum* (SniOLP).

Kataria *et al.* (2007) recolheram nove isolados de *Rhizoctonia bataticola*; o agente da podridão radicular seca do grão-de-bico foi avaliado em termos de patogenicidade e variabilidade genética utilizando marcadores RAPD. LaSota *et al.* (2007) utilizaram iniciadores aleatórios de 25 mers para produzir fragmentos de ADN polimórfico amplificado aleatoriamente (RAPD) para estudar a variabilidade genética fúngica associada às caraterísticas de pigmentação e virulência

Das *et al.* (2008) afirmaram que a podridão do carvão causada por *Macrophomina phaseolina* é uma doença economicamente importante no sorgo cultivado durante a estação pós-chuvosa na Índia. As variações nos polimorfismos do ADN polimórfico amplificado aleatório (RAPD), a sensibilidade ao clorato e a patogenicidade foram estudadas entre isolados de sorgo de *M. phaseolina* recolhidos em diferentes partes da Índia. Os dados RAPD baseados em 14 iniciadores aleatórios do Kit A e C (OPA e OPC) em 20 isolados revelaram um elevado grau de polimorfismo (98,1%) em diferentes isolados.

Purkayastha *et al.* (2008) estudaram setenta isolados de *Macrophomina phaseolina* recuperados de diferentes plantas hospedeiras e avaliaram o polimorfismo do ADN utilizando duas técnicas moleculares: reação em cadeia da polimerase com primers de microssatélites (MSP-PCR) em condições de PCR com e sem toque (NT) e primers correspondentes à reação em cadeia da polimerase com base em sequências repetitivas dispersas (rep-PCR).

2.2 Fonte de resistência

Gopal e Jagadeeshwar (1997) realizaram uma experiência para estudar a reação dos genótipos de soja à podridão por carvão vegetal, analisando 70 genótipos na Estação de Investigação Regional, Raichur, em Karnataka, Índia, durante a colheita de 1991-92, 3 dos quais eram R, MR, 9 MT, 57S. Pathe (2008) analisou 52 entradas de soja contra a podridão por carvão vegetal em condições de campo e encontrou 9 entradas, ou seja, SL 744, VLS 69 e AMS 54-4, altamente resistentes.

Anónimo (2008) Avaliou 639 germoplasmas de soja e comunicou que 6 germoplasmas eram resistentes à podridão do carvão.

Capítulo - III
MATERIAIS E MÉTODOS

O presente estudo intitulado "*Studies on molecular variability and source of resistance in Rhizoctonia bataticola (Taub.) Butler causing charcoal rot of soybean [Glycine max (L.) Merrill]*" foi realizado no Departamento de Fitopatologia, Faculdade de Agricultura, Jawaharlal Nehru Krishi Vishwa Vidyalaya, Jabalpur (M.P.)

Este capítulo trata dos materiais e métodos utilizados para a análise da diversidade molecular e da fonte de resistência em *Rhizoctonia bataticola* utilizando marcadores RAPD.

3.1 Materiais

3.2 3.1.1 Fonte de material biológico

Os isolados fúngicos foram recolhidos do AICRP sobre soja, do Departamento de Melhoramento Vegetal e Genética, da Faculdade de Agricultura, Jabalpur. Cerca de 21 acessos de *Rhizoctonia bataticola* (*Macrophomina phaseolina*) foram recolhidos e utilizados para estudos posteriores. (Quadro 3.1)

Distrito	Localidade de recolha dos isolados	Designação de isolados de *Rhizoctonia bataticola*
Jabalpur	1 Adhartal	I1
	2 Khamriya	I2
Narsingpur	3 KVK	I 3
	4 Campo do agricultor	I 4
	5 Campo do agricultor	I 5
Gadarwara	6 Campo de agricultores	I 6
	7 Campo de agricultores	I 7
Chhindwara	8 Chaurai	I 8
	9 K.V.K.	I 9
Seoni	10 K.V.K.	I 10
	11 Campo agrícola	I 11
Betul	12 Campo de agricultores	I 12
	13 K.V.K.	I 13
	14 Betul Bazar	I 14
Hoshangabad	15 Campo de agricultores	I 15
	16 K.V.K.	I 16
Sehore	17 K.V.K	I 17
	18 Campo de agricultores	I 18
	19 Campo de agricultores	I 19
Sagar	20 K.V.K	I 20
	21 Campo de cultivo	I 21

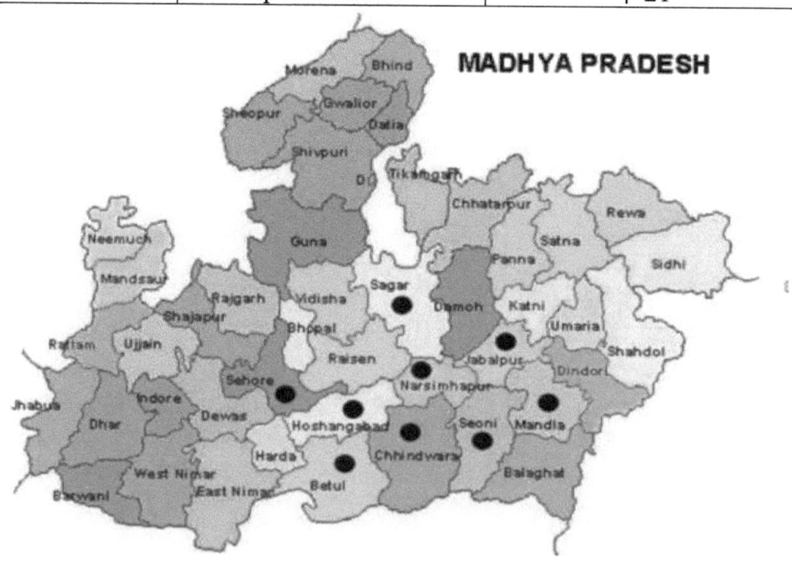

3.1.2 Meios de cultura.
Meio de Agar de Dextrose de Batata (PDA)

Para o isolamento da cultura pura, foi utilizado o meio de cultura de batata dextrose-ágar.

Batata descascada	200 g
Dextrose	20.0 g
Ágar	20.0 g
Água destilada	1000 ml

Para a extração da batata, pegou-se na batata descascada e ferveu-se em 500 ml de água. Em seguida, foi corada com um pano de musselina. O ágar-ágar foi lavado com água e colocado em 500 ml de água, aquecida até derreter completamente. Acrescentou-se mel e a solução acabou por perfazer um litro. O meio foi vertido para um frasco cónico e esterilizado num autoclave

Solução Richard

Nitrato de potássio10		g
Bifosfato de potássio5		g
Cloreto de magnésio2		,5 g
Sacarose35		g
Cloreto férrico -		traços
pH4		.2

3.1.3 Produtos químicos

Os produtos químicos utilizados na extração de ADN e na PCR foram obtidos da Sigma Chemicals Co. USA. As escadas de 10 pb, 20 pb e 1 kb foram adquiridas à Bangalore Genie e à Fermentas Pvt. Ltd. Índia.

3.1.4 Marcadores moleculares

Foram utilizados marcadores RAPD para a análise da diversidade de *Macrophomina phaseolina*.

A análise do ADN polimórfico amplificado aleatório de *Macrophomina phaseolina* foi efectuada utilizando um iniciador de nucleótidos de decifração obtido de OPERON Technologies, Almeda, Califórnia, EUA, em condições de baixa estringência, tal como descrito por Williams *et al.* (1990) Welsh e Mc Clelland, (1990).

3.2 Métodos

Análise da diversidade molecular de *Rhizoctonia bataticola*

3.2.1 Isolamento de ADN

O ADN foi isolado a partir de micélio fresco cultivado em solução de Richard.

3.2.2 Etapas do isolamento do ADN

1. O micélio foi triturado em azoto líquido utilizando um pilão e um almofariz previamente arrefecidos até se obter um pó fino.

2. O pó fino de micélio foi transferido para um tubo de Oakridge de 50 ml e adicionou-se 10 ml de tampão de extração de ADN (pré-aquecido a 65^0 C) e misturou-se bem.

3. Os tubos foram incubados a 65^0 C em banho-maria durante 40 minutos, com agitação suave e frequente de 10 em 10 minutos durante a incubação.

4. O tubo de Oakridge (amostra) foi retirado do banho-maria e deixado arrefecer à temperatura ambiente.

5. Adicionou-se um volume igual de clorofórmio: álcool isoamílico (24: 1) v/v e misturou-se bem mas suavemente durante 10 minutos.

6. A mistura foi centrifugada a 10.000 rpm durante 15 minutos à temperatura ambiente.

7. O sobrenadante foi transferido para um novo tubo Oakridge e foi adicionado um volume igual de clorofórmio: álcool isoamílico (24: 1) e misturado suavemente durante 2 minutos.

8. A mistura foi centrifugada novamente a 10.000 rpm durante 15 minutos à temperatura ambiente.

9. O sobrenadante foi transferido para um novo tubo e foi adicionado 1/10 de volume de acetato de sódio 3M (pH 5,3) e 0,6 de volume de isopropanol, misturado suavemente por inversão e mantido durante 10 minutos à temperatura ambiente sem perturbações.

10. O precipitado de ADN foi então retirado com pontas cortadas de 1,5 ml e transferido para um tubo de microcetrifugação de 1,5 ml.

11.   O ADN foi aglomerado por centrifugação a 12.000 rpm durante 5 minutos. O supernatante foi descartado e os pellets de ADN restantes foram lavados duas vezes com etanol a 70%.

12.   O sedimento foi seco à temperatura ambiente e dissolvido em 500µl de tampão Tris: EDTA e armazenado a -4° C para utilização posterior.

Composição do tampão de extração de ADN

S. NÃO.	Produtos químicos	Concentração
1.	Tris HCl (pH 8,0)	100mM
2.	EDTA (pH 8,0)	20mM
3.	NaCl	1.4M
4.	CTAB	2%

3.2.3   Purificação de ADN

A purificação do ADN teve de ser efectuada para remover as impurezas como o ARN, as proteínas e os polissacáridos. Estes foram considerados como um dos inibidores importantes na amplificação do ADN durante a PCR.

1. Adicionou-se 5µl de RNase (5mg/ml) ao extrato de ADN, misturou-se bem e incubou-se a 37° C durante 1 hora.

2. Seguiu-se a adição de volumes iguais de clorofórmio refrigerado: álcool isoamílico (24 : 1) v/v e misturar vigorosamente.

3. A mistura foi centrifugada a 12.500 rpm durante 10 minutos e o sobrenadante foi transferido para um novo tubo de centrifugação.

4. O tubo foi mantido em gelo e foi adicionado 1/10 de volume de acetato de sódio 3M (pH 5,3) e misturado.

5. Foram adicionados dois volumes de etanol previamente arrefecido e misturados por inversão. Incubar a amostra a - 20^0 C durante 10 minutos.

6. A solução foi centrifugada a 12.500 rpm durante 10 minutos. O sobrenadante foi removido e o sedimento foi lavado com 0,5 ml de etanol a 70 % (v/v), misturado por inversão e centrifugado novamente a 15 000 rpm durante 2 minutos.

7. O sedimento foi seco à temperatura ambiente para remover completamente o etanol e foi depois dissolvido em 100µl. de tampão TE e armazenado a -20^0 C para utilização posterior.

3.2.4 Pureza do ADN

A pureza do ADN foi verificada através do rácio entre a densidade ótica (D.O.) utilizando o espetrofotómetro UV a 260 nm e a 280 nm. Colocou-se 1 ml. O tampão TE foi colocado num tubo de cuvete e calibrou-se o espetrofotómetro UV a 260 nm e a 280 nm de comprimento de onda. Adicionou-se 2μl de ADN, misturou-se adequadamente e registou-se a densidade ótica (D.O.) a 260nm e 280nm. As amostras que apresentavam um rácio de D.O. entre 1,7-1,9 (Maniatis *et al.*, 1982) foram utilizadas na experiência subsequente. As amostras de ADN com rácio superior a estes valores foram repurificadas.

3.2.5 Qualidade do ADN

A qualidade do ADN foi também verificada por eletroforese submarina horizontal em gel de agarose a 0,8%.

3.2.6 Quantificação do ADN

O ADN isolado foi quantificado no espetrofotómetro UV medindo a absorvância a 260 nm e 280 nm 50μl/ml A concentração de ADN de cadeia dupla mostrou uma absorvância de 1 a 260 nm. A concentração das amostras de ADN foi calculada utilizando a seguinte fórmula:

D.O. 260nm X 50μg ADN/ml X Fator de diluição/ 1000

A quantidade, a qualidade e a integridade do ADN isolado foram também verificadas por eletroforese em gel. 2 μl de amostras de ADN de cada linha foram colocados em géis de agarose juntamente com a escada de ADN λ Hind - III numa concentração de gel de 0,8% a 60 volts durante 90 minutos. Foram coradas com brometo de etídio e observadas sob UV - Transiluminador. A quantidade de fluorescência foi proporcional à massa total de ADN. Após a quantificação, o ADN foi diluído com água destilada. A concentração final de ADN deve ser de 25 ng/μl.

1.1.1 Análise do ADN polimórfico amplificado aleatório (RAPD)

A amplificação do ADN genómico foi efectuada utilizando 08 iniciadores aleatórios de nucleótidos decamer 10 - mer. Destes, foram identificadas variantes genéticas e iniciadores específicos para localizar produtos de amplificação múltiplos a partir de loci distribuídos por todo o genoma (Williams *et al.*, 1990. Welsh e Mc

Clelland, 1990). O procedimento de amplificação do ADN foi efectuado de acordo com o protocolo descrito por Williams *et al.*,   1990. Os componentes e os seus utilizada na reação de RAPD-PCR.

Lista de componentes e respectivas concentrações utilizados na PCR RAPD

S. Não.	Componentes	Concentração
1.	tampão PCR	1X
2.	MgCl 2	2,5 mM
3.	Dntps	200µM
4.	Cartilha	50ng
5.	Taq polimerase	1 unidade
6.	DDH2 O	-
7.	ADN	50ng

Condições de PCR para os primers RAPD - A amplificação do ADN foi efectuada num termociclador programável "Thermo Hybaid (PxC)", de acordo com o programa abaixo indicado.

Perfil de temperatura utilizado na amplificação por PCR para RAPD.

S.N.	Temperatura	Duração	Ciclos	Atividade
1.	94 C^0	4min.	1	Desnaturação inicial
2.	94 C^0	45sec.	↑	Desnaturação
3.	36 C^o	1min.	45	Recozimento
4.	72 C^o	2min.	Φ	Elogio
5.	72 C^o	5min.	1	Alongamento final
6.	4 C^o			Armazenamento

3.4 Análise electroforética de produtos RAPD - PCR

O RAPD - PCR foi analisado em gel de agarose a 1,4% (p/v) para gerar fragmentos e, posteriormente, corado com brometo de etídio, que foram visualizados com um transiluminador UV e depois documentados pelo sistema de documentação de gel de bioimagem multigénica 'Syngene'. O peso molecular das bandas foi estimado utilizando uma escada de ADN de 1 kb de gama alargada obtida da Fermentas.

3.5 Soluções

Composição do tampão de eletroforese TAE 50X

S.NO.	Componente	Concentração
1.	Base Tris	242gm
2.	Ácido acético glacial	57,1 ml.
3.	EDTA 0,5M (pH8,0)	100ml

O volume foi completado até 1 litro com água destilada. A solução foi esterilizada em autoclave.

Composição do corante de carga/corante de rastreio (6X)

S. NÃO.	Componentes	Concentração
1.	Azul de bromofenol	0.25%
2.	Xileno cianol	0.25%
3.	Sacarose em H2 O	40%w/v.

3.6 Estudo do polimorfismo do marcador RAPD

Foram utilizados oito iniciadores para avaliar o polimorfismo em 21 acessos de *Macrophomina phaseolina*. O polimorfismo foi observado com base no padrão de bandas desenvolvido.

3.7 Pontuação e análise de dados

Os dados do perfil de ADN para cada um dos sistemas de marcadores foram apresentados utilizando o termo "unidade de ensaio". Os produtos de PCR da análise RAPD foram classificados qualitativamente quanto à presença ou ausência (Ghosh *et al.*, 1997). Apenas as bandas claras e aparentemente não ambíguas foram classificadas para RAPD. As semelhanças genéticas entre as cultivares foram medidas pelo coeficiente de semelhança de Jacard baseado no pacote de software NTSYS-PC versão 1.8 (Exeter Software, Setauket, NY, U. S. A.) (Rohlf, 1993). Os dados resultantes da matriz de distância foram usados para construir dendrogramas usando o método de grupos de pares não ponderados com uma média aritmética (UPGMA) subprograma de NTSYS-PC (Rohlf, 1993).

O teste Mental de significância (Mantel, 1967) foi utilizado para comparar cada par de matrizes de semelhança produzidas acima. Foi efectuado o teste t de Student para determinar o nível de significância das diferenças obtidas.

Quadro 3.2 Sequência dos iniciadores do operão aleatório utilizados no estudo

S. Não.	Código	Sequência de primers 5' a 3'	Teor de GC %	Total de pb
1.	OPAA-04	AGGACTGCTC	60	10
2.	OPAA-06	GTGGGTGCCA	70	10
3.	OPAB-09	GGGCGACTAC	70	10
4.	OPAC-14	GTCGGTTGTC	60	10
5.	OPAD-06	GTAGGCCTCA	60	10
6.	OPAD-08	GGCAGGCAAG	70	10
7.	OPAE-03	CATAGAGCGG	60	10
8.	OPAH-05	TTGCAGGCAG	60	10

3.8 Seleção de genótipos de soja contra a podridão do carvão.

3.8.1 Potes de barro

Foram utilizados vasos de barro frescos (29,5 cm) para a experimentação.

3.8.2 Solo

A terra preta de algodão, a areia e o estrume de quintal (9 kg) na proporção de 5:2:2 foram misturados cuidadosamente e depois esterilizados numa autoclave a 2,1 kg de pressão por polegada quadrada (30 lbs de pressão p.s.i) durante duas horas, depois secos ao ar, mantidos a arrefecer e enchidos nos vasos.

3.8.3 Irrigação

Após a sementeira, a cultura foi irrigada em dias alternados, tendo-se deitado em cada vaso quinhentos mililitros de água, parcialmente esterilizada por fervura.

3.8.4 Sementes

As sementes das cultivares de soja JS 95-60, JS 93-05 e outras entradas foram obtidas no All India Co-ordinated Research Project on soybean, Department of Plant Breeding and Genetics, Jabalpur.

3.8.5 Teste de germinação de sementes

Papel de germinação de sementes. (45X30 cm) foram adquiridos a Ajay Kumar and Sons, Nova Deli.

3.8.6 Técnica de rastreio utilizada

A técnica do papel mata-borrão, descrita por Nene *et al* (1981), foi utilizada para selecionar genótipos de soja para resistência.

Para realizar o teste de patogenicidade, 20 sementes esterilizadas superficialmente (35 segundos em hipoclorito de sódio a 2,5%) da linha de teste das variedades de soja foram semeadas em vasos com areia de leito de rio autoclavada.

Os dois tapetes miceliais de *Rhizoctonia bataticola* foram cultivados em meio P.D.A. durante cinco dias e macerados num misturador de 100 ml. As plântulas com cinco dias de idade foram arrancadas e o sistema radicular foi lavado em água corrente, seguido de enxaguamento em água destilada esterilizada e depois mergulhado na solução de inóculo durante 30 segundos para cima e para baixo. Após a inoculação, as plântulas foram colocadas lado a lado num papel mata-borrão. O tabuleiro foi colocado numa incubadora a 30°C durante oito dias, com 12 horas de luz artificial. O papel mata-borrão foi humedecido adequadamente em dias alternados. No final do período de incubação (8 dias), as plântulas foram examinadas quanto à extensão dos danos nas raízes e quanto à mortalidade.

A percentagem de mortalidade foi calculada pela seguinte fórmula

Número total de plantas afectadas pela podridão do carvão

Percentagem de mortalidade= --×100

Número total de plantas

Mortalidade radicular (%) por unidade

A mortalidade (%) das raízes da podridão do carvão vegetal por unidade foi calculada pela seguinte fórmula

Mortalidade radicular (%) por unidade = $\dfrac{\text{Mortalidade (\%)}}{\text{Índice de raiz (\%)}}$

Escala de classificação de doenças da podridão do carvão da soja

Podridão do carvão vegetal (%)	Categoria	Classificação
0	Resistência absoluta	0
1	Altamente resistente	1
1.1 -10	Moderadamente resistente	3
10 - 25	Moderadamente suscetível	5
25.1 - 50	Suscetível	7
> 50	Altamente suscetível	9

Capítulo IV

RESULTADO

A análise da diversidade genética é o primeiro passo de qualquer programa de investigação. A análise da diversidade molecular requer um grande número de marcadores polimórficos. Os marcadores moleculares representam um instrumento muito eficaz para a análise da diversidade molecular em qualquer programa de investigação.

O ADN polimórfico amplificado aleatório tem sido utilizado em muitas culturas e espécies de fungos como marcador genético para a avaliação da diversidade genética e tem-se revelado altamente eficiente na avaliação da diversidade genética e bem sucedido na caraterização de genótipos individuais, que são consistentes com o seu pedigree. Estes marcadores são sobretudo dominantes e detectam variações tanto nas regiões codificantes como nas não codificantes do genoma.

A presente investigação foi realizada para descobrir a relação genética entre 21 isolados de *Rhizoctonia bataticola* (*Macrophomia phaseolina*), agente causal da podridão do carvão em soja, utilizando marcadores RAPD.

O ADN genómico foi isolado de cada um dos isolados de *Rhizoctonia bataticola* e o ADN foi purificado utilizando clorofórmio refrigerado: álcool isoamílico 24:1 (v/v). O ADN genómico foi dissolvido em tampão TE e a concentração final foi de 50 ng/microlitro para posterior amplificação por PCR.

Os produtos de PCR foram resolvidos em agarose para a geração de impressões digitais. Os produtos foram visualizados com brometo de etídio. O peso molecular da banda foi estimado utilizando uma gama alargada de 1 kb ladder (50 -10000 bp).

4.1.1 Análise RAPD

Inicialmente, foram selecionados 22 iniciadores por RAPD e um total de oito iniciadores de decifradores com base num padrão de bandas nítido e claro para a análise PCR RAPD final. A reação de PCR foi realizada utilizando um único iniciador de decifração de cada vez.

8 primers decamer selecionados aleatoriamente (Placa 1, 2, 3 e 4) amplificaram loci de

marcadores RAPD. O tamanho dos marcadores amplificados varia de 100-3800 pb. O peso molecular mais baixo da banda foi de cerca de 100 pb, enquanto a banda de peso molecular mais elevado foi de 3800 pb. O número máximo de bandas, *ou seja*, 11, foi obtido pelo iniciador OPAC-14, enquanto o número mínimo de bandas, 6, foi obtido pelo iniciador OPAA-04. A sequência destes primers e a sua % de conteúdo GC são apresentadas na Tabela 3.2.

Destas 64 bandas, 29 bandas (45,31%) eram polimórficas e as restantes 35 bandas (54,68) eram monomórficas. 8 primers RAPD amplificaram bandas polimórficas. Destes, o OPAC-14 produziu um máximo de 11 electromorfias polimórficas (100,0%). Dois iniciadores, nomeadamente OPAB-09 e OPAD-08 (placa 2), foram considerados monomórficos. Foram também amplificadas bandas específicas pelos iniciadores OPAC-14 e OPAD-06 (placa 4). O iniciador OPAC-14 amplificou um electromorfo específico apenas no isolado I4 com um peso molecular dc cerca de 2320 pb e no isolado I6 com um peso molecular de ~700 pb. Outro iniciador, OPAD-06, amplificou um electromorfo específico apenas no isolado I14, com um peso molecular de cerca de 1000 pb,

4.1.2 Análise de agrupamentos utilizando marcadores RAPD

Os valores do coeficiente de similaridade para *Macrophomia phaseolina* foram calculados pelo método dos coeficientes de Jaccard, utilizando o programa NTSYS-pc. O intervalo de semelhança genética com base nos iniciadores RAPD foi de 0,69 - 0,98, indicando que havia uma distância genética estreita entre os acessos *de Macrophomia phaseolina* recolhidos em vários distritos de Madhya Pradesh.

Um dos acessos I14 de Sehore estava muito próximo dos acessos I20 (Sagar), com 94 % de semelhança, enquanto o acesso I10 de Seoni era o acesso mais diversificado do acesso I15 (Hoshangabad). Foi gerado um dendrograma pelo método de grupos de pares não ponderados com o subprograma "UPGMA" do programa "NTSYS- pc" (quadro 4.2). A análise de agrupamento revelou que todos os acessos de *Macrophomia phaseolina* em estudo foram divididos em dois grupos principais.

O primeiro grupo principal continha 12 isolados, a saber, I2, I3, I20, I19, I21, I7, I11,

I12, I14, I9, I16 e I18, enquanto o segundo grupo principal continha cinco isolados, I6, I5, I10, I13 e I4. Os restantes 3 isolados I1, I8 e I17 não formaram qualquer grupo na análise do dendrograma. O isolado I15 mostrou uma grande diversidade em relação a outros isolados na análise do dendrograma. Nenhum acesso em estudo conseguiu formar qualquer grupo na análise de dendrogramas.

relativamente à sua região geográfica, ou seja, aos distritos.

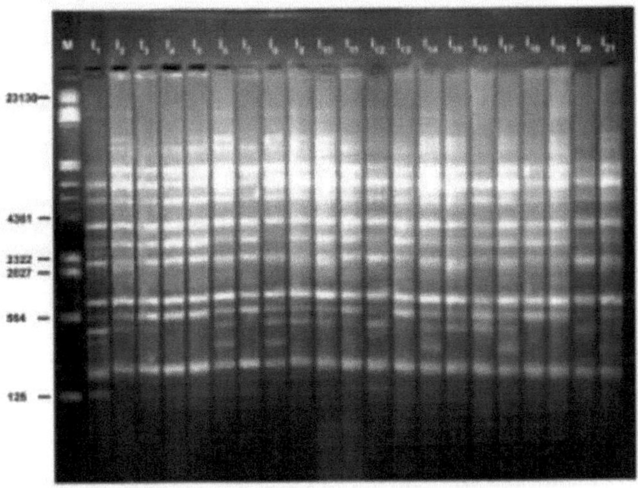

Plate. 1: Elecrtophoretic banding pattern of RAPD amplification
products of primer AH-05 resolve on 1.4 % agarose gel

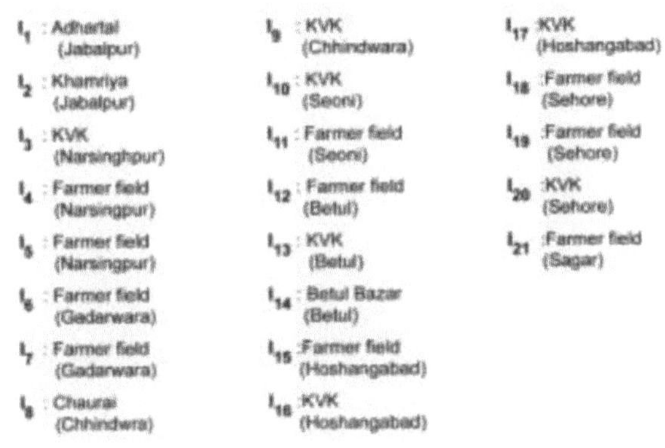

Placa. 2: Padrão de bandas electróforas dos produtos de amplificação RAPD dos iniciadores A (AA-04), B (AD-08) e C (AC-14) resolvidos em gel de agarose a 1,4 %

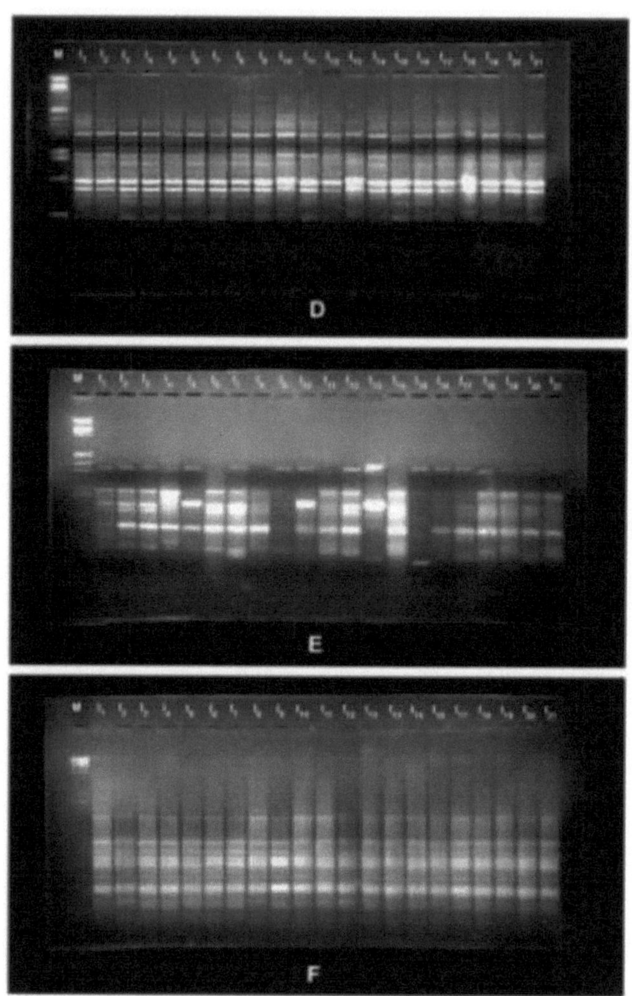

Placa 3: Padrão de bandas electróforas dos produtos de amplificação RAPD dos iniciadores D (AE-03), E (AA-06) e F (AB-09) resolvidos em gel de agarose a 1,4 %

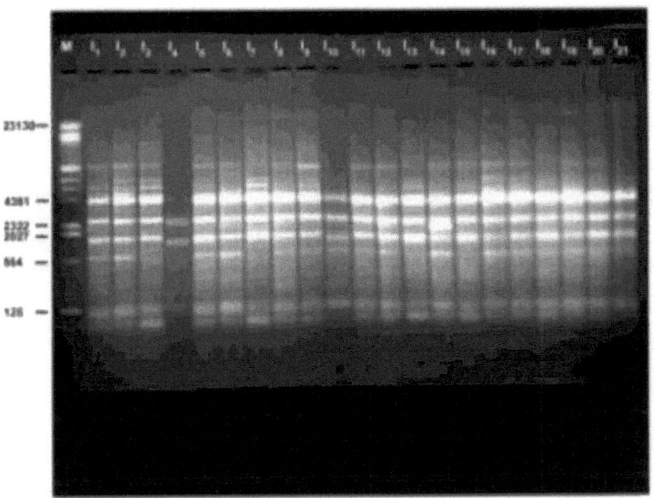

Placa 4 Padrão de bandas electróforas dos produtos de amplificação RAPD do p∩mer AD-06 resolvidos num gel de agarose a 14 %

I_1 : Adhartal (Jabalpur)	I_9 : KVK (Chhindwara)	I_{17} : KVK (Hoshangabad)
I_2 : Khamriya (Jabalpur)	I_{10} : KVK (Seoni)	I_{18} : Farmer field (Sehore)
I_3 : KVK (Narsinghpur)	I_{11} : Farmer field (Seoni)	I_{19} : Farmer field (Sehore)
I_4 : Farmer field (Narsingpur)	I_{12} : Farmer field (Betul)	I_{20} : KVK (Sehore)
I_5 : Farmer field (Narsingpur)	I_{13} : KVK (Betul)	I_{21} : Farmer field (Sagar)
I_6 : Farmer field (Gadarwara)	I_{14} : Betul Bazar (Betul)	
I_7 : Farmer field (Gadarwara)	I_{15} : Farmer field (Hoshangabad)	
I_8 : Chaurai (Chhindwra)	I_{16} : KVK (Hoshangabad)	

Tabela 4.1: N.º de bandas obtidas com primers RAPD

S. Não.	Cartilha	Total de bandas	Bandas monomórficas	Bandas polimórficas	% Polimorfismo
1.	AA-04	6	0	6	100
2.	AA-06	7	3	4	57.14
3.	AB-09	7	7	0	0
4.	AC-14	11	0	11	100
5.	AD-06	9	4	5	55.55
6.	AD-08	7	7	0	0
7.	AE-03	6	5	1	16.66
8.	AH-05	11	9	2	18.18
Total		64	35	29	

Os dados apresentados no quadro 4.1 indicam claramente que o total de bandas variou entre 6 e 11. Um mínimo de 6 bandas foi registado em OPAA - 04 e OPAE - 03, enquanto o número máximo de 11 foi registado em OPAC - 14 e OPAH - 05. Não foi observada nenhuma banda monomórfica (0) em OPAA - 04 e OPAC - 14 e o máximo (9) em OPAH - 05. As bandas monomórficas e polimórficas foram inversamente proporcionais entre si, exceto em OPAA - 06 e OPAD - 06, OPAB - 09 e OPAD - 08 não apresentaram polimorfismo. OPAA - 04 e OPAC - 14 apresentaram 100% de polimorfismo.

	I1	2	3	4	5	6	7	8	9	10	11	12	13	14	15	16	17	18	19	20	21
I1	1.00																				
2	0.92	1.00																			
3	0.94	0.98	1.00																		
4	0.84	0.83	0.84	1.00																	
5	0.84	0.89	0.91	0.78	1.00																
6	0.86	0.91	0.89	0.80	0.83	1.00															
7	0.86	0.91	0.92	0.86	0.89	0.88	1.00														
8	0.86	0.88	0.89	0.77	0.83	0.84	0.88	1.00													
9	0.86	0.91	0.92	0.80	0.89	0.84	0.91	0.91	1.00												
10	0.83	0.81	0.83	0.73	0.89	0.75	0.78	0.78	0.81	1.00											
11	0.86	0.94	0.92	0.80	0.86	0.91	0.94	0.84	0.91	0.78	1.00										
12	0.84	0.92	0.91	0.78	0.84	0.89	0.92	0.83	0.89	0.80	0.98	1.00									
13	0.77	0.81	0.80	0.73	0.86	0.75	0.84	0.81	0.84	0.84	0.84	0.86	1.00								
14	0.83	0.88	0.86	0.77	0.80	0.84	0.84	0.81	0.81	0.75	0.91	0.92	0.81	1.00							
15	0.78	0.81	0.83	0.73	0.73	0.75	0.81	0.81	0.81	0.70	0.81	0.80	0.69	0.77	1.00						
16	0.81	0.86	0.88	0.75	0.81	0.77	0.83	0.89	0.92	0.83	0.83	0.84	0.83	0.80	0.83	1.00					
17	0.91	0.89	0.91	0.78	0.84	0.83	0.86	0.92	0.86	0.86	0.83	0.84	0.86	0.83	0.77	0.88	1.00				
18	0.88	0.89	0.91	0.78	0.88	0.80	0.86	0.86	0.92	0.86	0.86	0.88	0.89	0.86	0.77	0.91	0.91	1.00			
19	0.86	0.94	0.92	0.80	0.89	0.84	0.91	0.88	0.91	0.81	0.91	0.92	0.88	0.88	0.78	0.89	0.89	0.92	1.00		
20	0.88	0.95	0.94	0.78	0.88	0.86	0.89	0.86	0.89	0.83	0.92	0.94	0.86	0.92	0.80	0.88	0.88	0.94	0.95	1.00	
21	0.88	0.92	0.91	0.78	0.84	0.86	0.86	0.89	0.89	0.80	0.89	0.91	0.83	0.92	0.78	0.88	0.91	0.91	0.95	0.94	1.00

Os dados registados no Quadro 4.2 (Fig. 1) revelaram que a gama de diversidade genética entre os isolados de *Rhizoctonia bataticola* era de 0,69 a 0,98. A análise de agrupamento mostrou 2 grupos distintos entre 21 isolados de *Rhizoctonia bataticola*. Um grupo principal continha isolados como I2, I3, I20, I19, I21, I7, I11, I12, I14, I9, I16 e I18. O segundo grupo principal continha cinco isolados: I6, I5, I10, I13 e I4. Os restantes 3 isolados I1, I8 e I17 não foram classificados em nenhum grupo. O isolado I15 mostrou uma grande diversidade em relação a outros isolados na análise do dendrograma.

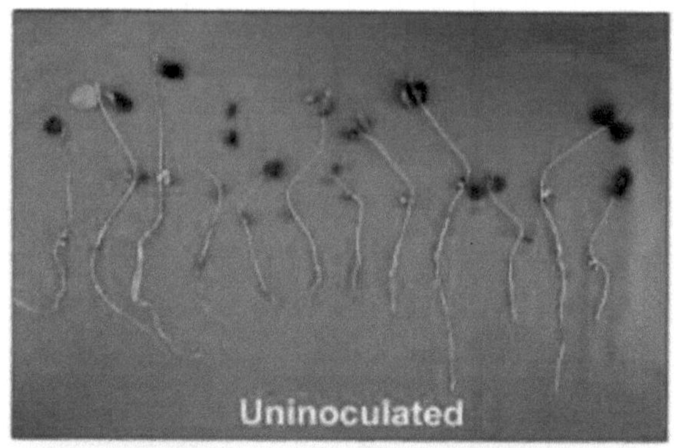

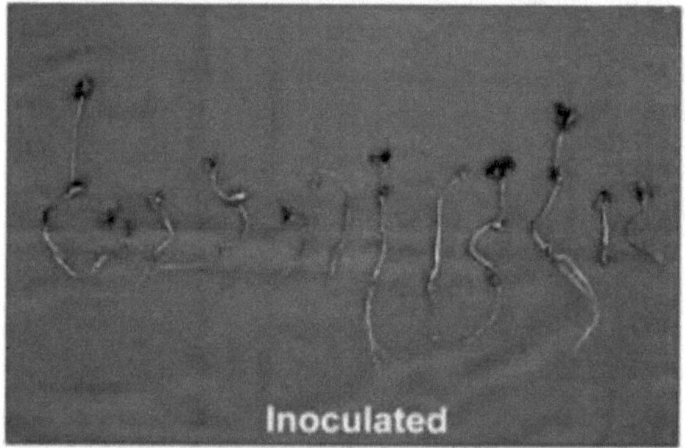

Placa 5. Fotografia mostrando sintomas de podridão char∞al em plântulas de soja (C-V. monne<ta) inoculadas por *Rhizoctonia batatкoia*

Tabela 4.3: Reação de diferentes isolados de *Rhizoctonia bataticola*, causadora da podridão do carvão da soja, contra a soja c.v. Monnetta

Número de isolamento	Mortalidade (%)	Índice de raiz (%)	Mortalidade da raiz % Por unidade	Classificação da doença	Categoria de patógeno
1	67	50.00	1.34	9	HV
2	96	83.30	1.15	9	HV
3	52	62.50	0.83	9	HV
4	65	61.66	1.05	9	HV
5	80	60.83	1.31	9	HV
6	84	67.50	1.24	9	HV
7	43	37.50	1.14	7	V
8	32	30.00	1.06	7	V
9	35	26.66	1.31	7	V
10	95	91.66	1.03	9	HV
11	50	44.16	1.13	7	V
12	49	30.80	1.59	7	V
13	70	49.16	1.42	9	HV
14	91	75. 00	1.21	9	HV
15	50	41.66	1.20	7	V
16	34	31.66	1.07	7	V
17	34	38.33	0.88	7	V
18	48	40.80	1.17	7	V
19	33	27.50	1.20	7	V
20	66	50.83	1.29	9	HV
21	34	35.83	0.94	7	V
22	85	73.33	1.15	9	HV

Os dados apresentados no quadro 4.3 (placa 5) mostram que a percentagem de mortalidade variou entre 32% e 96%. A mortalidade máxima (96%) foi observada nos isolados Khamriya 2 e Seoni 10 (95%), enquanto a mortalidade mínima (32%) foi encontrada nos isolados Chhindwara 8,9, Sehore 19 (33%), Hoshangabad 16,   17 (34%   ) e Sagar21   (34%   ). Índice de raiz variou de 26,66 a 91,66. O mínimo de 26,66 e 27,50 por cento foi registado em I9 e I19, respetivamente. O índice radicular mais elevado de 91,66 e 83,30 foi observado em I10 e I2. A percentagem de mortalidade radicular por unidade variou entre 0,83 e 1,59. Dos 22 isolados analisados, nenhum deles foi classificado abaixo de sete graus de doença. Onze isolados foram enquadrados na categoria HV e onze na categoria V.

Tabela 4.4: Reação de I2 de *Rhizoctonia bataticola* contra 77 entradas de soja

S.N.	Entradas	Mortalidade (%)	Índice de raiz (%)	Mortalidade da raiz % Por unidade	Pontuação da doença(1 - 9) (Podridão do carvão)
1.	SL 738	73.75	59.37	1.24	9
2.	JS 99 77	72.50	67.50	1.07	9
3.	JS 20 22	61.87	63.75	0.97	9
4.	SL 747	66.25	65.65	1.00	9
5.	PK 1225	70.60	44.37	1.59	9
6.	SL 96	75.60	33.12	2.28	9
7.	SL 710	85.62	63.12	1.35	9
8.	SPC 175	55.60	42.50	1.30	9
9.	JS 20 24	68.75	56.87	1.20	9
10.	NSO 15	71.80	42.50	1.68	9
11.	JS 20 20	75.60	63.12	1.19	9
12.	JS 20 19	73.00	45.00	1.62	9
13.	RKS 48	74.30	37.50	1.98	9
14.	AGS 48	76.20	24.37	3.12	9
15.	CE 325099	75.60	59.37	1.27	9
16.	JS 20 15	76.20	60.00	1.27	9
17.	CE 396053	75.00	40.00	1.87	9
18.	NRC 56	77.50	68.75	1.12	9
19.	JS 99 89	81.20	49.37	1.64	9
20.	JS 82 180	76.20	53.12	1.43	9
21.	JS 99 78	74.30	54.37	1.36	9
22.	JS 20 2	85.60	59.37	1.44	9
23.	CE 250607	80.00	39.37	2.03	9
24.	AMS 99 33	81.20	26.87	3.02	9
25.	PK 768	84.30	63.75	1.32	9
26.	Himso 1521	87.50	21.25	4.11	9
27.	JS 75 52	83.00	44.37	1.87	9
28.	JS 98 63	77.50	54.37	1.42	9
29.	JS 20 23	66.87	60.62	1.10	9
30.	JS 98 62	76.87	67.50	1.13	9
31	JS 20 25	58.12	61.25	0.89	9
32.	JS 95 56	75.62	35.00	2.16	9
33.	B 16 64	59.37	23.00	2.58	9
34.	DSb 11	71.80	67.50	1.06	9
35.	JS(SH)2002-11	75.60	75.60	1.00	9
36.	MAUS 417	78.10	74.30	1.05	9
37.	VLS 73	73.10	79.30	0.92	9

38.	Himso 1678	80.00	76.80	1.04	9
39.	PS 1454	86.80	76.80	1.13	9
40.	MACS 1039	84.30	77.50	1.08	9
41.	BAUS 96	87.50	76.20	1.14	9
42.	DS 2613	88.00	75.00	1.17	9
43.	MAUS 282	78.00	37.50	2.08	9
44.	JS 20-14	75.00	40.60	1.84	9
45.	PS 1444	77.50	42.50	1.82	9
46.	TS 5	70.60	43.70	1.61	9
47.	Himso 1677	75.60	56.20	1.34	9
48.	MACS 1184	80.00	72.50	1.10	9
49.	NRC 80	83.00	70.60	1.17	9
50.	VLS 71	77.50	68.70	1.12	9
51.	RKS 54	73.70	68.10	1.08	9
52.	MACS 1140	75.60	50.00	1.51	9
53.	JS(SH) 200214	78.00	40.00	1.95	9
54.	TS 2	78.70	58.10	1.35	9
55.	PS 1450	82.50	66.80	1.23	9
56.	DS 2614	75.60	67.50	1.12	9
57.	NRC 79	78.00	45.60	1.71	9
58.	EMA 1	78.70	42.50	1.83	9
59.	KDS 321	55.60	63.70	0.87	9
60.	NSO 383	39.30	60.00	0.65	7
61.	RKS 52	42.50	43.10	0.98	7
62.	Himso 1676	45.00	25.62	1.75	7
63.	JS 20-18	47.50	32.50	1.46	7
64.	MACS 1188	45.60	50.00	0.91	7
65.	NRC 81	52.50	58.10	0.90	9
66.	JS 20-05	55.00	38.10	1.44	9
67.	NSO 29	53.00	36.20	1.46	9
68.	AMS 19	58.75	46.25	1.27	9
69.	JS 20 9	37.33	36.66	1.01	7
70.	NRC 76	40.66	38.00	1.07	7
71.	RKS 39	44.66	48.00	0.93	7
72.	RKS 45	51.33	52.66	0.97	9
73.	JS 97-52	27	25.7	1.05	5
74.	JS 335	47	43.5	1.08	7
75.	JS 95-60	43	52.3	0.82	7
76.	JS 93-05	23	18.4	1.25	5
77.	Bragg	77	67	1.14	9

Os dados apresentados no Quadro 4.4 indicam claramente que, das 77 entradas testadas contra o isolado I2 de *Rhizoctonia bataticola*, 65 entradas exibiram

A percentagem de mortalidade variou de 23,00 % a 88,50 %. A JS 93-05 registou uma mortalidade mínima (23,00%), seguida da JS 97-52 (27,00%) e da NRC 76 (40,66%). A percentagem máxima de mortalidade foi registada em DS 2613 (88,50 %) e Himso 1521 (87,50 %). O índice percentual de raiz variou entre 18,40 % e 79,30 %, com um mínimo de 18,40 e 23,00 registados em JS 93-05 e B 1664, respetivamente, enquanto que o máximo de 79,30 foi registado em VLS 73, seguido de 77,50 em MACS 1039. Também se observou que 0,65 % de mortalidade de raiz por unidade exposta em NSO 383, seguido de 0,82 % em JS 95-60. Observou-se um máximo de 4,11% e 3,02% em Himso 1521 e AMS 99-33, respetivamente

Quadro 4.5: Reação dos genótipos de soja à podridão do carvão (in vitro) causada pelos isolados I2 de *Rhizoctonia bataicola*

Categoria	Escala	Genótipos
Altamente resistente (1)	0,1 a 1,0% Mortalidade	Nulo
Resistência moderada (3)	1,1 - 10,0% de mortalidade	Nulo
Moderadamente Suscetível (5)	10 .1- 25 % Mortalidade	JS 97-52, JS 93-05
Suscetível (7)	25 .1 - 50 % Mortalidade	NRC 76, RKS 39, NSO 383, MACS 1188, RKS 52, JS 20 9, Himso 1676, JS 20-18, JS 335, JS 95-60.
Altamente Suscetível (9)	Mais de 50% de mortalidade	RKS 45, DSb 11, JS (SH) 2002-11, MAUS 417, VLS 73, Himso 1678, PS 1454, MACS 1039, BAUS 96, DS 2613, MAUS 282, JS 20-14, PS 1444, TS 5, Himso 1677, MACS 1184, NRC 80, VLS 71, RKS 54, MACS 1140, JS (SH) 2002-14, DS 2614, NRC 79, AMS 1, KDS 321, NRC 81, JS 20-05, NSO 29, AMS 19, SL 738, JS 99 77, JS 20 22, SL 747, PK 1225, SL 96, SL 710, SPC 175, NSO 15, JS 20 20, JS 20 19, RKS 48, AGS 48, EC 325099, JS 20 15, EC 396053, NRC 56, JS 99 89, Bragg, JS 82 180, JS 99 78, JS 20 2, CE 250607, AMS 99 33, PK 768, Himso 15021, JS 75 52, JS 98 63, JS 20 23, JS 98 62, JS 20 25, JS 95 56, B 16 64,JS 20 24,

Tabela 4.6: Reação de I10 de *Rhizoctonia bataticola* contra 77 entradas de soja

S. Não.	Entradas	Mortalidade (%)	Índice de raiz (%)	Mortalidade da raiz % Por unidade	Pontuação da doença (1 - 9) (Podridão do carvão)
1.	SL 738	75.00	57.50	1.30	9
2.	JS 99 77	71.87	60.00	1.19	9
3.	JS 20 22	59.37	61.25	0.96	9
4.	SL 747	73.75	71.25	1.00	9
5.	PK 1225	71.25	49.37	1.44	9
6.	SL 96	77.5	38.12	2.03	9
7.	SL 710	83.12	65.62	1.26	9
8.	SPC 175	61.87	46.87	1.32	9
9.	JS 20 24	71.25	63.12	1.12	9
10.	NSO 15	70.00	45.00	1.55	9
11.	JS 20 20	73.70	64.37	1.14	9
12.	JS 20 19	71.80	44.37	1.61	9
13.	RKS 48	73.00	40.00	1.82	9
14.	AGS 48	74.30	28.12	2.60	9
15.	CE 325099	73.70	56.87	0.13	9
16.	JS 20 15	74.30	67.50	1.10	9
17.	CE 396053	76.20	35.62	2.13	9
18.	NRC 56	76.20	66.25	1.15	9
19.	JS 99 89	87.50	45.62	1.91	9
20.	JS 82 180	70.60	60.00	1.17	9
21.	JS 99 78	75.60	66.87	1.13	9
22.	JS 20 2	83.00	61.25	1.35	9
23.	CE 250607	83.70	41.25	0.21	9
24.	AMS 99 33	82.50	25.62	3.22	9
25.	PK 768	80.60	71.25	1.13	9
26.	Himso 1521	85.00	23.75	3.57	9
27.	JS 75 52	84.30	48.12	1.75	9
28.	JS 98 63	75.60	50.00	1.51	9
29.	JS 20 23	64.37	64.37	1.00	9
30.	JS 98 62	80.62	62.50	1.28	9
31	JS 20 25	61.25	56.87	1.07	9
32.	JS 95 56	77.50	40.00	1.93	9
33.	B 16 64	61.87	23.12	2.67	9
34.	DSb 11	74.30	69.00	1.07	9
35.	JS(SH)2002-11	63.10	73.70	0.85	9
36.	MAUS 417	76.80	76.20	1.00	9
37.	VLS 73	76.80	76.20	1.00	9
38.	Himso 1678	85.60	74.30	1.15	9

39.	PS 1454	85.00	75.60	1.12	9
40.	MACS 1039	86.80	76.40	1.13	9
41.	BAUS 96	83.10	75.00	1.10	9
42.	DS 2613	86.20	75.60	1.14	9
43.	MAUS 282	76.20	41.80	0.14	9
44.	JS 20-14	75.60	43.70	1.72	9
45.	PS 1444	78.80	43.00	1.83	9
46.	TS 5	75.00	45.00	1.66	9
47.	Himso 1677	72.50	65.00	1.11	9
48.	MACS 1184	81.80	76.80	1.06	9
49.	NRC 80	79.30	67.50	1.17	9
50.	VLS 71	76.20	76.50	0.99	9
51.	RKS 54	76.20	70.60	1.07	9
52.	MACS 1140	73.00	47.50	1.53	9
53.	JS(SH) 200214	79.00	38.10	2.07	9
54.	TS 2	75.00	55.60	1.34	9
55.	PS 1450	79.30	70.00	1.13	9
56.	DS 2614	71.80	75.00	0.95	9
57.	NRC 79	75.60	48.10	1.57	9
58.	EMA 1	71.50	43.70	0.17	9
59.	KDS 321	40.60	61.20	0.66	7
60.	NSO 383	38.00	58.10	0.65	7
61.	RKS 52	41.20	42.50	0.96	7
62.	Himso 1676	44.30	23.12	1.91	7
63.	JS 20-18	44.30	35.60	1.24	7
64.	MACS 1188	54.37	46.20	1.17	9
65.	NRC 81	51.20	56.80	0.90	9
66.	JS 20-05	52.50	43.10	1.21	9
67.	NSO 29	51.80	37.50	1.38	9
68.	AMS 19	66.87	48.12	1.38	9
69.	JS 20 9	40.66	36.00	1.12	7
70.	NRC 76	54.00	44.66	1.20	9
71.	RKS 39	50.66	48.36	1.04	9
72.	RKS 45	48.66	40.60	1.19	7
73.	JS 97-52	29	23.7	1.22	5
74.	JS 335	32	46.8	0.68	7
75.	JS 95-60	37	27.3	1.35	7
76.	JS 93-05	17	15	1.13	5
77.	Bragg	83	73	1.13	9

Os dados apresentados na Tabela 4.6 indicam claramente que, das 77 entradas testadas contra o isolado I10 de *Rhizoctonia bataticola*, 66 entradas exibiram classificação de doença 9 (HS), 9 como 7 (S), 2 como 5 (MS) e nenhuma abaixo de 5 (Tabela 9). A porcentagem de mortalidade variou de 17,00 % a 87,50 %. JS 93-05 teve mortalidade mínima (17,00 %), seguido por JS-97-52 (29,00 %) e JS 335 (32,00 %). A percentagem máxima de mortalidade foi registada em JS-99-89   (87,50%) e MACS 1039 (86,80 %). O índice percentual de raiz variou entre 15,00 % e 76,80 %. O mínimo de 15,00 e 23,12 foi registado em JS 93-05 e Himso 1676, respetivamente, enquanto o máximo de 76,82 foi registado em MACS 1184, seguido de 76,50 em VLS 71. Também foi observado que 0,13% de mortalidade de raízes por unidade exibida pelo EC 325099, seguido por 0,14% no MAUS 282. Observou-se um máximo de 3,57 e 3,22% em Himso 1521 e AMS 99-33, respetivamente.

Quadro 4.7: Reação dos genótipos de soja à podridão do carvão (in vitro) causada pelos isolados I10 de *Rhizoctonia bataicola*

Categoria	Escala	Genótipos
Altamente resistente (1)	0,1 a 1,0% Mortalidade	Nulo
Moderadamente Resistência (3)	1,1 - 10,0% de mortalidade	Nulo
Moderadamente Suscetível (5)	10 .1- 25 % Mortalidade	JS 97-52, JS 93-05
Suscetível (7)	25 .1 - 50 % Mortalidade	NSO 383, RKS 45, JS 335, JS 9560, JS 20-18, Himso 1676, JS 20 9, KDS 321, RKS 52
AltamenteS usceptível (9)	Mais de 50% de mortalidade	NRC 76, RKS 39, DSb 11, JS(SH)2002-11, MAUS417, Bragg, VLS 73, Himso 1678, PS 1454, MACS 1039, BAUS 96, DS 2613,MAUS282 , JS 20-14, PS 1444, Himso 1677, MACS 1184, NRC 80, VLS 71, RKS 54, MACS 1140, JS(SH) 2002-14, TS 2, PS 1450, DS 2614, NRC 79, NSO 383, MACS 1188, NRC 81, JS 2005, NSO 29, AMS 19 ,SL 738, JS 99 77, JS 20 22, SL 747, PK 1225, SL 96, SL 710, SPC 175, JS 20 24, NSO 15, JS 20 20, JS 20 19, RKS 48, AGS 48, EC 325099, JS 20 15, EC 396053, NRC 56, JS 99 89, JS 82 180, JS 99 78, JS 20 2, EC 250607, AMS 99 33, PK 768, Himso 15021, JS 75 52, JS 98 63, JS 20 23, JS 98 62, JS 20 25, JS 95 56, B 16 64,

Capítulo - V
DISCUSSÃO

A podridão do carvão vegetal foi responsável por uma redução significativa do rendimento em áreas propensas à seca. Esta doença pode reduzir o rendimento nos EUA e no Brasil em até 50%. Na Índia, foi registada uma perda de 70% causada pela podridão do carvão vegetal. *Rhizoctonia bataticola* tem uma vasta gama de hospedeiros e é responsável por causar perdas em mais de 500 espécies de plantas cultivadas e selvagens (Indera *et al.,* 1986). A revisão da literatura mostrou que não foi efectuado qualquer trabalho sobre a variabilidade molecular de *Macrophomina phaseolina* que causa a podridão do carvão da soja na Índia e em M.P.

Os marcadores moleculares baseados em PCR (RAPDs, ISSRs, STMSs, *etc.*) são preferidos aos marcadores baseados em hibridação, como os RFLPs, para a diversidade genética, porque permitem utilizar quantidades menores de ADN preparado de forma mais grosseira a partir de cada indivíduo genótipo e também reduzem o tempo, o trabalho e o custo operacional da extração de ADN (Purkayastha *et al.*, 2008).

Um requisito prévio para tirar partido destas técnicas é um ADN genómico de boa qualidade. O ADN genómico foi extraído de micélio fresco cultivado em solução de Richard. O DNA foi purificado por clorofórmio: álcool isoamílico (24:1). As condições de PCR também foram padronizadas para a análise de marcadores RAPD.

O ADN genómico de 21 isolados de *Rhizoctonia bataticola* foi caracterizado quanto à diversidade genética utilizando 8 marcadores RAPD, o que ajudaria a atingir o objetivo de avaliar a variabilidade genética entre isolados de *M. phaseolina* recolhidos em diferentes distritos de M.P.A utilização de iniciadores de PCR de oligonucleótidos de base arbitrária única de 10 bases para a geração de marcadores moleculares designados por marcadores de ADN polimórfico amplificado aleatório (RAPD) pode ser facilmente desenvolvida porque se baseia na amplificação por PCR seguida de eletroforese em gel de agarose e é rápida e facilmente detectada. Consequentemente, os RAPD permitem uma aplicação mais alargada de mapas moleculares numa espécie (Williams *et al.,*1990).

A análise RAPD forneceu muitos marcadores de ADN polimórficos relacionados com os polimorfismos intra e interespecíficos de uma grande variedade de fungos, incluindo várias espécies de *Fusarium*, tais como *Fusarium solani* f. sp. Cucurbitae *Fusarium oxysporum* f. sp. *pisi*, e *Fusarium moniliforme* (Crowhurst *et al.*, 1991).

Foram utilizados 8 iniciadores de decâmeros selecionados aleatoriamente para a análise da diversidade genética através de marcadores RAPD, tendo sido amplificados 64 loci de marcadores RAPD. O tamanho dos marcadores amplificados varia de 100-3800 pb. Destas 64 bandas, 29 (45,31%) bandas eram polimórficas. Esta observação mostrou que os isolados selecionados para este estudo eram divergentes. Alvaro *et al.*,(2003) obtiveram resultados semelhantes, tendo obtido um total de 74 bandas polimórficas com 22 iniciadores em 55 isolados de *Rhizoctonia bataticola*. Das *et al.*,(2008) também encontraram um elevado grau de polimorfismo (98,1%) em diferentes isolados. Jana *et al.*,(2003); Kataria *et al.*,(2007); Bayraktar); Goes *et al.*,(2002), e Pecina-Quintero *et al.*,(2001) também observaram um elevado nível de polimorfismo nos isolados. Dois iniciadores OPAC-14 e OPAD-06 amplificaram bandas específicas em um ou dois isolados. A análise de agrupamento de 21 isolados de *Rhizoctonia bataticola* usando 8 marcadores RAPD foi preparada usando o programa de software NTSYS-pc. A análise de agrupamento agrupou os isolados em dois grandes grupos. O primeiro grande grupo continha os isolados I2, I3, I20, I19, I21, I7, I11, I12, I14, I9, I16 e I18. O segundo grupo principal continha cinco isolados I6 , I5, I10, I13 e I4. Os restantes 3 isolados I1, I8 e I17 não foram classificados em nenhum grupo. O isolado I15 apresentou uma elevada diversidade em relação a outros isolados na análise do diagrama. A variação da diversidade genética entre os isolados *de Rhizoctonia bataticola* foi de 0,69 a 0,98%. Alvaro et al. (2003) relataram 70% de similaridade entre os isolados de *M. phaseolina* de soja coletados em diferentes regiões do Brasil. (2007) observaram que o valor de semelhança dos perfis RAPD variava entre 0,062 e 0,5, com uma média de 0,283 entre os isolados de grão-de-bico. Em sorgo, Das *et al.*, (2008) também observaram 37 a 98,1% de similaridade. Pathe (2008) relatou 3 entradas como resistentes e Annon. (2008) encontrou 6 entradas como resistentes à podridão do carvão da soja. A presente descoberta está em contradição com a descoberta desses trabalhadores. A diferença de opinião pode dever-se ao facto de estes trabalhadores terem analisado o germoplasma em condições de campo, ao passo que, na presente investigação, a análise é feita em condições laboratoriais (in vitro) e também foram utilizadas estirpes HV de *Rhizoctonia bataticola* para analisar o germoplasma. Por conseguinte, considerou-se desejável rastrear um grande número de genótipos para obter uma linha de resistência adequada e verdadeira que pudesse ser utilizada como dador para a criação de uma variedade resistente.

6.1 Resumo

A presente investigação, intitulada *"Estudos sobre a variabilidade molecular e a fonte de resistência em Rhizoctonia bataticola (Taub.) Butler, causadora da podridão do carvão da soja [Glycine max (L.) Merril]l"*,   foi realizada com os objectivos de caraterização e análise da diversidade de isolados *de M. phaseolina* utilizando marcadores moleculares (RAPD)

O ADN genómico de 21 isolados de *M. phaseolina* isolado por micélio fresco do fungo cultivado em solução de Richard e sujeito a amplificação com marcadores RAPD para análise da diversidade. O produto amplificado de RAPD foi resolvido por eletroforese num gel de agarose a 1,4% e fotografado num sistema de documentação de gel.

O iniciador de 8 decâmeros selecionado aleatoriamente amplificou 64 loci de marcadores RAPD. Dessas 64 bandas, 29 bandas (45,31%) eram polimórficas. Os valores do coeficiente de similaridade para 21 acessos de *Macrophomia phaseolina* no marcador RAPD foram 0,69 - 0,98.

Dos 22 isolados, dois isolados I2 e I10, altamente virulentos, foram selecionados para o rastreio de 77 genótipos de soja.

Nenhum dos genótipos foi considerado HR ou R contra a podridão do carvão. Dois genótipos, nomeadamente JS 97-52 e JS 93-05, apresentaram uma reação moderadamente suscetível contra ambos os isolados (I2 e I10) de *Rhizoctonia bataticola*. Os outros genótipos foram considerados HS ou S.

6.2   CONCLUSÃO

Um iniciador de 8 decâmeros selecionado aleatoriamente amplificou 64 loci de marcadores RAPD. Destas 64 bandas, 29 bandas (45,31%) eram polimórficas e as restantes 35 bandas (54,68%) eram monomórficas.

Foram também amplificadas bandas específicas por OPAC-14 e OPAD-06. O iniciador OPAC-14 amplificou um electromorfo específico apenas no isolado I4, com um peso molecular de ~2320 pb, e no isolado I6, com um peso molecular de ~700 pb; do mesmo modo, o OPAD-06 amplificou um electromorfo específico no isolado I14, com um peso molecular de cerca de ~1000 pb.

Os valores do coeficiente de similaridade para 21 acessos de *Rhizoctonia bataticola* no marcador RAPD foram 0,69 - 0,98.

Com base na análise de agrupamento, 21 isolados de *Rhizoctonia bataticola* foram divididos em dois grupos principais. O primeiro grande grupo continha 12 isolados: I2, I3, I20, I19, I21, I7, I11, I12, I14, I9, I16 e I18. O segundo grande grupo continha cinco isolados: I6, I5, I10, I13 e I4. O segundo grupo principal continha cinco isolados: I6, I5, I10, I13 e I4, enquanto o isolado I15 apresentou uma elevada diversidade em relação aos outros isolados na análise do dandrograma. Este estudo mostrou que os acessos em estudo não podem ser classificados de acordo com a origem geográfica.

Dos 77 genótipos selecionados contra duas estirpes HV de *Rhizoctonia batatocola,* nenhum foi considerado HR ou R.

6.3 Sugestões para trabalhos futuros

1.   Para obter dados mais precisos, é necessário um maior número de iniciadores (RAPD

e ISSR) e outros marcadores moleculares, como AFLP, devem ser aplicados para gerar impressões digitais.

2.   Deve ser efectuada uma análise da patogenicidade e correlacionar

com dados de marcadores e tentar identificar os marcadores relacionados com a hipervirulência.

3.   Recolha e caraterização de mais isolados no Estado

e no interior do país.

Referência

Alvaro, A.M.R., R.V. Abdelnoor, C.A.A. Arias, V.P. Carvalho, D.S.J.Filho, S.R.R. Marin, L. C. Benato e C.G.P. Carvalho(2003). Diversidade genotípica entre isolados brasileiros de *Macrophomina phaseolina* revelada por RAPD. *Fitopatologia Brasileria*, 28(3).p.97

Anónimo (2008). Relatório anual do AICRP sobre soja, sub-centro de Jabalpur, Departamento de Melhoramento Vegetal e Genética, JNKVV, Jabalpur (M.P.).

Babu, B.K., A.K. Saxena, A.K. Shrivastava e D.K. Arora, (2007). Identificação e deteção de *Macrophomina phaseolina* utilizando primers e sondas de oligonucleótidos específicos da espécie. *Mycologia.*, 99 (6): 797-803.

Bayraktar, H., F. S. Dolar, (2007). Diversidade genética de patógenos de murcha e podridão radicular do grão-de-bico, conforme avaliado por RAPD e ISSR. *Turk J Agric For TÜBİTAK,* 33:   1-10.

Cabanas, R.M., S.H. Delgado, e N.M. Perez, (2005). Análise patogénica e genética de diferentes hospedeiros de *Macrophomina phaseolina* (Tassi) Goidon. *Revista-Mexicana-de-Fitopatologia,* 23 (1): 11-18.

Crowhurst, R.N., B.T. Hawthrorne, E.H.A. Rikkerink e M.D.Templeton (1991). Differentiation of Fusarium solani f. sp.cucurbitae races 1 and 2 by random amplification of polymorphicDNA. *Curr. Genet.* 20: 391-396.

Das, I.K., B. Fakrudin e D.K. Arora, (2008). Análise de agrupamentos RAPD e sensibilidade ao clorato de alguns isolados indianos de *Macrophomina phaseolina* do sorgo e sua relação com a patogenecidade. *Microbiological Research,* 163 (2): 215-224.

Dhingra. O.D. e J.B. Sinclair (1972). Variação entre os isolados de *Macrophomina phaseolina* (*R. bataticola*) da mesma planta de soja. *Indian Phytopatho*, 62: 1168.

Fernandez, B.R., M.C. Reyes-Franco, M.M. Fernandez, S.H. Delgado e N.M. Perez, (2004). *Macrophomina phaseolina* (Tassi) Goid em feijão (*Phaseolus vulgaris* L.) em Aguascalientes, patogénico e relação genética com isolados de outras regiões do México. *Revista Mexicana de Fitopatologia*, 22(2): 172-177.

Franco, R., M.C.H. Delgado, S.B.Fernandez, R.M. Fernandez, M.Simpson e J.M.

Perez, (2006). Variabilidade patogénica e genética em *Macrophomina phaseolina* do México e de outros países. *Journal of Phytopathology*, 154: 7-8.

Ghosh, S., Z. E. Karan Jawala e E. R. Hauser (1997). Methods for precise sizing, automated binning of alleles and reduction of error rates in largescale genotyping using fluorescently labeled dinucleotidemarkers. Genome. Res 7: 165-178.

Góes, L.B., A. B. L. d. Costa, L.L. d. C. Freire e N. T. d. Oliveira, (2002).Randomly Amplified Polymorphic DNA of *Trichoderma* Isolates and Antagonism Against *Rhizoctonia solani. An international Journal, Arquivos Brasileiros de Biologia,* 45(2) : 151 - 160.

Indera, K., T. Singh, C.C.Machado e J.B. Sinclair (1986). Histopatologia da infeção de sementes de soja *Macrophomina phaseolina. Fitopatologia* 76: 532-535.

Jana, T., T.R. Sharma e N.K. Singh, (2005). Deteção da variabilidade genética baseada em SSR no patogénio da podridão radicular do carvão vegetal *Macrophomina phaseolina. Mycobiological Research* 109 (1): 81-86.

Jana, T., T.R. Sharma, R.D. Prasad e D.K. Arora, (2003). Caracterização molecular de espécies de *Macrophomina phaseolina* e fusarium através de uma técnica RAPD de iniciador único. Centro Nacional de Investigação em Biotecnologia Vegetal, IARI, Pusa. *Investigação Micobiológica,* 158 (3): 249257.

Kataria, L., V.K. Gaur e R. Sharma, (2007) Assessment of genetic variability in *Rhizoctonia bataticola* infecting chickpea isolates using pathogenicity and RAPD markers. *Journal of Mycology and Plant Pathology*, 37:1.

Lasota, R., J.Yost e N.L. Brooker, (2006). Primers aleatórios como medida da diversidade de agentes patogénicos fúngicos. Departamento de Biologia, Universidade Estadual de Pittsburg, Pittsburg, Kansas, KS.

Maniatis, T., E. F. Fritsch e J. Sambrook (1982). Molecular cloning Manual. Cold Springs Harbour Laboratory, Cold Springs Harbour, NYP[3]

Mantel, M. A. (1967). The detection of disease Clustering and a Comparison of RAMPL and SSR markers for the study of wild barley genetic diversity *Hereditas,* 131:5-13.

Mayek, P.N., C.C. Lopez, C.M.Gonzalez, E.R. Garcia, G.J. Acosta, V.O. Martinez-dela e J.Simpson, (2001). Variabilidade de isolados mexicanos de *Macrophomina phaseolina* com base na patogénese e no genótipo AFLP. *Fisiologia e Patologia Molecular das Plantas*, 59 (5) : 257264.

McDonald, B. A. e J. M. McDermott (1993). Population genetics ofplant pathogenic fungi. *BioScience* 43: 311-319

Meena, S., R.C. Sharma, S. Rakshit, P. Yadav, L. Singh e R. Dutta, (2006). Genetic variability in *Macrophomina phaseolina* (tassi.) Goid incital of charcoal rot of maize in India. *Indian-Phytopathology*, 59 (4): 453-459.

Pathe, A., (2008). Estudos sobre a variabilidade e a fonte de resistência (Taub.) Butler que causa a podridão do carvão da soja (*Glycine max* L.) Merrill, tese de mestrado apresentada ao Departamento de Fitopatologia, J. N. K. V. V., Jabalpur (M.P.)

Pecina, Q.V., V.O.D.L. Martinez,B.M.D.J. Alvarado, G.J. Vandemark, A.H. Williams, B.M.D.Alvarado, (2001). Comparação entre dois sistemas de marcadores moleculares na análise da relação genética de *Macrophomina phaseolina*. *Revista Mexicana de Fitopatologia*, 19 (2):128-139.

Purkayastha, S., B. Kaur,   P. Arora,   L. Bisyer,   N. dilbaghi e A. Chaodhary, (2008), "   Moleculargenotypingof *Macrophomina phaseolina*, comparação de PCR com primers de microssatélites e PCR baseada em sequências de elementos repetitivos. *Journal of Phytopathology*, 156 (6): 372-381.

Purkayastha, S., B. Kaur, N. Dilbaghi e A. Chaudhary, (2006). Caracterização de *Macrophomina phaseolina*, o agente patogénico da podridão do carvão vegetal, através de técnicas de agrupamento e marcadores moleculares baseados em PCR. *Patologia Vegetal*, 55 (1): 106-116.

Rohlf, F. (1993). NTSYS- pc Taxonomia numérica e análise multivariada Sistema. Exeter Software, Setauket, Nova Iorque, 1: 80

Su, G., S.O. Suh, R. W. Schneider e J. S. Russin, (2000). Especialização do hospedeiro no fungo da podridão do carvão vegetal, *Macrophomina phaseolina*. *Macrophomina phaseolina*. *Phytopathology*, 91:120-126.

Upendra, M., S. Bhat, P.U. Krishnaraj e M.S. Kuruvinashetti, (2007). ADN polimórfico amplificado aleatoriamente de isolados de *Tricoderma* e antagonismo contra três agentes patogénicos fúngicos. *Journal of Plant disease Sciences*, 2 (1): 18-21.

Welsh, J. e M. McCelland (1990). Fingerprinting genomes using PCR with arbitrary primers. *Nucl Acid Res.*, 18: 7213-7218.

Williams, J. G. K., A. R. Kubelik, K. J. Livak, J. A. Rafalski, e S. V. Tingey (1990). Os polimorfismos de ADN amplificados por iniciadores arbitrários são úteis como marcadores genéticos. *Nucl. Acids Res.,* 18: 6531-6535.

Weising, K., H. Nybom, , K. Wolff e W. Meyer (1995). DNA Fingerprinting in Plants and Fungi. CRC Press, Boca Raton.

Wyllie, T. D. (1988). Podridão do carvão da soja - situação atual. Em Soybean diseases of the north central region. APS Press, St. Paul, MN.

Printed by Books on Demand GmbH, Norderstedt / Germany